开启梦想家居的 5 把密匙

魔法收纳

Magic Storage

300 个倾情奉献的独家案例

两岸明星设计师的私享力作

风靡全球的至潮风格宝典

拒绝纸上谈兵，手把手教你装修实战术！

细部装修要诀，5 本一网打尽！

爱家 36 计，要 "变脸"，更要 "hold" 住钱包！

博远空间文化发展有限公司 主编

华中科技大学出版社
http://www.hustp.com
中国·武汉

PREFACE

序言

在这个蜗居时代，寸土寸金的家居空间当然要好好利用。由于需要收纳的物品种类和数量因人而异、因空间而异，收纳实在是一个让人头疼的问题。衣服、鞋子、首饰、书籍、护肤品、小饰物、厨房用品、浴室用品等家居用品，不知道怎么整理，不知道该收在哪里？比如卧室这样的私人领地，就要以贴心收纳为出发点，充分考虑到生活的便利和整理的方便。如果还要考虑收纳数量众多、种类复杂的物品，光是想想就很累人了！

其实并没有那么难，只要你学会合理利用空间与工具，物品收纳其实很简单。你所需要的，就是一点点创意。所谓创意，就是别人想不到的，你不仅想得到，而且做得很好。为了解决您的困扰，本书收录了最新时尚的收纳设计实景图，从客厅、餐厨、卧室、浴室、角落等方面为您全方位展示收纳设计在居室各个区域里的应用，解决室内收纳设计的细节问题。每一张精美的图片配以恰当的文字解说，多种设计风格和装饰手法将带给您无限的灵感。

我们相信，任何人都可以成为收纳各式物品的时尚达人。或许都只是些很小的改变，但如果尝试去做，相信您一定会有意外的收获。打开这本书吧，让充满审美意趣的收纳创意，为您的家带来意想不到的美丽和欢乐！

目录 CONTENTS

客厅放大加减法
LIVING ROOM STORAGE

客厅向来是家庭装修中的"重头戏"。一间象征着主人品位和修养的客厅怎能让杂乱无章的收纳坏了迎宾待客的雅兴？巧妙合理的收纳设计利用空间的加减法为您解忧，让客厅在满足实用功能的同时，使其真正成为家居空间的点睛之笔，让您随时随地"hold"住客厅这一人生的前台！

006

客厅放大加减法 Living room storage

客厅向来是家庭装修中的"重头戏"。一间象征着主人品位和修养的客厅怎能让杂乱无章的收纳坏了迎宾待客的雅兴？巧妙合理的收纳设计利用空间的加减法为您解忧，让客厅在满足实用功能的同时，使其真正成为家居空间的点睛之笔，让您随时随地"hold"住客厅这一人生的前台！

1. 以虚代实的空间放大法

取代传统的实体墙面，以开放式镂空柜体作为客厅的沙发背景墙，在创造丰富景深的同时满足收纳、展示、隔断三重功能。不对称木格被嵌入或光源打亮，加上艺术品地点缀，让整个客厅空间更加精致通透。

2. 巧用搁板制造墙上图书馆

空间相对紧凑的客厅不适宜安放大型的收纳柜，巧妙利用沙发背景墙的立面空间，用几块简单搁板将整面墙体改造成富有层次感的开放式收纳柜，白色的柜体和墙面统一，视觉上清爽而不显压抑，同时也让客厅更有书卷气。迎宾待客之余随手拈来一本书，客厅即成为休闲阅读的轻松地带。

3、中式元素打造空间亮点

一直延伸到天花板的中式斗柜以传统的方格状分割出规则的收纳格，用以展示主人的古玩收藏。深棕色的柜身与两旁的朱红色中国元素相映成辉，将浓情中国风的古色古香引入客厅，成为格调素雅的客厅空间中一道亮丽的风景。

1. 冷暖交织的趣味收纳

浅灰色的半开放式收纳柜体与天花板相连。两扇推拉门上不规则的方形镂空图案清新别致，柜体内的每层搁板上方都嵌入暖色光源，浅粉色的光晕和浅灰色柜体交织出活泼趣味。

2. 空间留白的隐形收纳

两面相接的墙面均暗含强大收纳功能，却各有侧重。一整面嵌入式收纳柜用白色装饰柜身，与天花板、地板的颜色融为一体，让强大的收纳功能为空间统一色调服务。另外一面墙体利用实体墙的厚度开发成格状收纳墙，利用鲜艳的色块进行装饰，在创造收纳空间的同时，也具有艺术效果。

3. 浅色帘幕为客厅遮瑕

白色展示柜以对称的方式嵌入墙面的两侧，搭配玻璃隔板，更显纯净优雅。中间以白色帘幕遮盖，隐藏背后的收纳空间，同时保证了空间清新色调的统一。

🍃 1. 不对称的墙面收纳

巨幅墙面收纳柜，采用中式传统中药斗柜的形式，将整面柜体分割成无数不对称的收纳格，创造强大收纳空间的同时也充满视觉张力，让淡雅的客厅空间别具一格。

🍃 2. 拐角处的畸零收纳

玄关过道处的拐角往往是收纳的死角。利用订做的 45° 特殊造型收纳柜作为 CD 收纳柜，让畸零空间得到充分利用，独特的造型和原木质感也为空间增添特色。

🍃 3. 层叠的鱼缸造型柜

电视造型墙一侧空出的角落也可以充分利用，让空间更饱满。贴墙面一侧构建起连接天花板的全玻璃展示柜，透明的玻璃材质和鱼缸造型极富装饰性，与空间纯白的色调统一，让空间更显清透纯净。

🍃 4. 藏在造型墙后的立体收纳

悬挂电视的造型墙两边并没有添加电视桌和 CD 柜，而是隐藏在背景墙的后面，连接天花板的高大柜体满足丰富收纳需求的同时，也让电视造型墙更有立体感。

🍀 1. 善用楼梯间的角落
充分利用角落可以让空间更整洁。楼梯口的畸零空间改造成开放式的钢琴房，而钢琴上方的墙面利用几块搁板变成相框和小饰品的展示空间。小角落得到了大利用。

🍀 2. 造型墙里的收纳潜力
充满地中海风情的白色拱门电视造型墙两侧是厚实的墙柱设计。利用柱体的厚度在柱面四周嵌入收纳格，不仅开发了出更多收纳空间，原木材质也与造型墙的风格相统一。

🍀 3. 极富装饰性的收纳柜
一只倚墙而立的装饰柜往往在材质和造型上更多的是为空间风格服务。但是选择一只占地面积小的长方形立式柜，在点缀空间的同时可以满足零碎物品的收纳需求。

🍀 4. 墙体的多重功能
流线型的墙体蜿蜒出清新的弧度。利用墙体凹陷打造出错落有致、层次感极强的立体电视造型墙，用原木背景隐藏收纳空间。下方设置两排摆放相框的搁板，刷以金色背景并用嵌入光源照亮，让造型墙更富有立体感。

🍀 5. 巧用灯光，收纳柜变装饰台
皮裱布的电视造型墙下方安装一排光源，将下方的 CD 柜照亮，摆上饰品和绿色植物，利用光影效果将收纳柜台面变成展示台。

🍃 1. 功能与展示的完美结合

柜体沿墙面向上延伸至天花板，引导空间视觉。开放式收纳格和木质柜门的组合设计扩大了收纳空间，同时提升柜体质感。书籍和装饰品的间隔陈列让收纳和展示完美结合。

🍃 2. 楼梯口的视觉延伸

直通天花板的柜体立于楼梯口，不论上楼还是下楼整个收纳柜体都处于视觉的焦点。白色收纳格与原木地板的有机结合让空间散发自然质朴的气息。

🍃 3. 立体环绕的视听天堂

纯白色的半开放式柜体与高低错落的天花板设计相贴合，顺着墙体走向延展至两面墙壁，形成一个巨大的收纳空间，便于主人收藏书籍和CD。电视嵌入柜体的一体设计搭配一侧镜门的装饰，整个空间浑然一体，形成一个立体环绕的视听天堂。

水平线与不对称的美感

客厅收纳柜变成收纳和书柜的结合体，白色的柜身和墙面色调统一，给人以轻盈感，同时与柜体内壁的原木色形成对比。靠窗倾斜分隔线打破柜体纵横交错的几何对称，呈现出独特的空间美感。

1. 拐角延伸出的休闲区

客厅的电视墙往左侧延伸至拐角处开辟出一方贴墙而立的柜体，上方和下方的收纳柜可藏书置物，框体右侧的栏杆式设计延伸电视背景墙的空间美感。柜体中部嵌入一个洗手台，可为视听娱乐之余提供洗手的功能。

2. 一体化的组合式电视柜

连接天花板的一体式电视柜简洁大气。两边对称式展示柜凸显品位。木质电视背景墙上方悬挂装饰画，木色与古玩装饰展现典雅气质。

3. 铁件和木门的古典结合

宛如传承数代的古典风味橱柜，斑驳的木质纹理与青石板的地面共同营造出艺术家的休闲情调小屋。

🍃 1. 收藏家的复古式橱柜

空间设计采用典雅舒适的美式乡村风格，舍弃大面积壁橱的处理。复古风情的手工茶几柜搭配田园风的墙纸和铁质灯具，营造出浓浓的乡村度假风情。

🍃 2. 镜面与柜体的组合效果

由于客厅天花板设置了横梁错落的格局，柜体则采用嵌入横梁下的一体式结构，同时将多幅镜面嵌入电视背景墙和两边对称展示柜内，搭配上方灯光效果，不仅扩大了客厅景深，同时也让柜体更显轻盈。

🍃 3. 手工打造的沙发柜

粗朴的线条和原木的材质凸显沙发柜的复古风味。小巧的柜体不仅没有大面积壁柜对空间的制约，同时可以灵活移动，让家居收纳更方便。

在过道和客厅墙面的连接处利用墙体的转角量身打造一个柜体，搭配旁边同样原木材质的格栅设计。统一的风格极富空间设计感。

1. 简洁利落的电视柜

客厅的电视主墙舍弃传统的设计，运用素雅的原木色及简洁利落的线条和整齐的沟缝，将收纳柜巧妙切割。电视上方四个嵌入式收纳格将 CD 机收入其中，一体式墙柜简洁大方。

2. "∟" 造型的创意切割

将一面造型墙以字母 "L" 造型切割出收纳空间加上内置光源打亮，营造错落有致的立体感，上方壁投式光源向下投射，光影效果让收纳墙更具立体感。

3. 现代与复古的对话

极富现代艺术气息的造型展示柜前摆放一古典圆桌，下方设置成收纳柜，圆润的古典风格与松木材质凸显出古典中国风，形成现代与古典的对话。

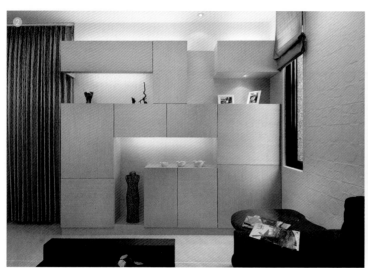

1. 波浪造型的趣味收纳

墙角转弯处设置一个嵌入墙体的立式收纳柜，白色柜身与墙面色彩统一。波浪造型的流线型搁板是柜体的亮点，结合内侧的镜面背景则更富有空间感染力。

2. 收纳柜的轻隔断作用

连接天花板的立式柜体集收纳和展示于一身，原木材质凸显品质，并与地板辉映。柜体界定出客厅和外侧空间的同时，也起到轻隔断的作用。

3. 让电视藏入古玩世界

这是一个古朴大气的中式客厅空间。整面墙体以量身定做的博古架搭配对称的收纳柜，主人收藏的古玩珍品尽数陈列其上，展现主人的收藏爱好和审美品位。电视隐藏在古玩之中，以中式帘布遮盖，和整个中国风的柜体和谐统一。

1. 拱形柜体诠释空间柔美线条

在餐厅中设计师用比例极佳的对称式拱顶设计展示柜，结合拱顶的灯光投射，展现弧形线条的优美。搭配中间的壁炉设计和铁质吊灯、木质天花，奠定了空间的复古格调。

2. 复古工艺体现贵族气质

带有雕花和弧形拱门状设计的复古柜体将充满艺术气息的收藏品陈列在嵌入式木格中，高档材质凸显尊贵气质。

随空间动线而生的柜体

这里的柜体随空间的动线向左右及上方延展，书柜从地板一直延伸到天花板，将实体墙变身为巨幅柜体，中间一扇门的开设也跟柜体风格保持了统一，实现了功能性和空间利用的完美统一。

🐾 同一语汇营造强烈整体感

看似单纯的空间，其实包藏许多玄机，更有设计师的巧妙用心。统一的原木材质和色彩从地面到墙面营造整体视觉感，将各种不同功能的空间复合为统一造型及色彩并形成廊道，强调空间统一性的同时凸显立体质感。电视背景墙延伸至右方的收纳柜体，整齐的沟缝搭配底端的茶色玻璃展现结构和造型之美。左侧整面原木材质墙体和镜面门结合，将一扇储物间的门隐没在统一的色彩中，不易被人察觉。所有家具配合同一语汇，营造出强烈的整体感。

块体结构呈现空间趣味

水平和纵向交叠出的不对称块体构成简单的墙面收纳格，每一格的上方搭配灯光投射，让摆放在每格中的收藏品和装饰品展现各自特色。

1. 简约柜体营造质朴风

简单的木质复合柜体呈现质朴风格，简单实用，并且与暗色调的空间旋律相契合。两只橙色方盒放置柜体上，利用局部跳色的元素提亮空间。

2. 特殊材质凸显空间气度

大理石材质的书桌提升空间质感，左侧组合式柜体延伸至电视背景墙部分都采用统一材质，开放式收纳格书架和实体柜身相结合，营造通透和阻隔的双重效果。木纹隔栅造型的电视背景墙展现空间气度。

3. 矮柜作为隐性的空间区隔

客厅和餐厅区域用矮柜界定，增加空间开阔感的同时满足展示和收纳需求。柜面乳白色漆身配合空间的整体风格，呈现出新古典的优雅气质。

1. 沿墙体动线设计双面收纳

在客厅入口处沿着墙体转折设计柜体，带有通透性的灰色玻璃隔板搭配白色背景体现优雅大气的古风气质。书架和展示相结合的双重功能牵引视觉由过道向客厅内转移。

2. 挑高空间的柜体设计

双层的复式房型使得客厅的空间被挑高。为顺应空间结构的高度，柜体沿墙面动线向上延展至二楼阳台的高度，充分扩大收纳空间，同时利用木质和隔栅的设计元素以及搭配内置灯光的效果，营造出大气雅致的空间视觉。

3. 横梁下的对称美感

天花板上以一根横梁界定客厅区域，结合柜体的宽度共同完成外间和客厅的区域划分。收纳柜体在沙发背后取代实体墙起到隔断的作用。两侧的柜体和收纳格体现对称美感。

餐厨整洁小妙招
KITCHENWARE STORAGE

厨房和餐厅是连结一个家庭所有成员的纽带，是每个家庭装修中不可忽视的环节。一日三餐的料理会让餐厨变得脏乱，餐厨收纳就变得至关重要，这也是困扰每位家庭"煮"妇或"煮"夫的难题。巧妙合理的收纳设计不仅可以减轻餐厨卫生清理的负担，还可以将设计的美感融入一日三餐的生活，让生活更加"食"全"食"美！

餐厨整洁小妙招 Kitchenware storage

厨房和餐厅是连结一个家庭所有成员的纽带，是每个家庭装修中不忽视的环节。一日三餐的料理会让餐厨变得脏乱，餐厨收纳就变得至关重要，这也是困扰每位家庭"煮"妇或"煮"夫的难题。巧妙合理的收纳设计不仅可以减轻餐厨卫生清理的负担，还可以将设计的美感融入一日三餐的生活，让生活更加"食"全"食"美！

功能与风格兼顾的厨房收纳

配合半开放式的厨房格局，充分利用厨房的每一寸空间设置收纳柜体。木质材料和乳白色刷漆与白色地板共同构筑清新乡村风格，吸油烟机上方的柜体以白色木质雕花边角搭配透明玻璃的设计增添了几分精致感。开放式吧台下方设计成收纳柜体，在起到隐性隔断效果的同时满足收纳需求。

🍃 1. 电器嵌入柜体的设计

不锈钢材质的厨房电器与木质收纳柜体相结合，一体化的设计让收纳更轻松。

🍃 2. 结合吧台设计的美式吊柜

小型吧台上方悬挂一只美式吊柜以及旁边的宫格收纳设计，吊柜下方可悬挂酒杯，柜体可储物，在有限的空间里创造出丰富的收纳空间。

🍃 3. 美观且实用的收纳柜

一整面餐厅背景墙均以立式柜体覆盖，半开放式柜体设计可满足餐厨收纳的同时也可置放大量杂物。

1. 嵌入式柜体的展示功能

看似简单的搁板结构收纳柜，实则精巧。大理石边框和蓝色光带的双重设计，以及内置灯光的设置，共向打造出具有展示功能的收纳柜。

2. 艺术和实用兼具的收纳柜

内置金色光源将柜体打亮，配合室内的奢华风格，中间是一幅造型画框，打造出艺术与实用兼具的收纳柜。

3. 上下分工的空间收纳组合

沿着墙体动线，在厨房墙面上方和下方分别铺设收纳柜，开辟出巨大收纳空间。

🐦 1. 多功能展示性收纳柜

半开放式搁板收纳柜内置金色光带，将柜体打造成一面多功能餐厅端景墙。

🐦 2. 美式乡村风收纳设计

木质收纳柜体现出浓浓的美式乡村风格，同时让厨房收纳更加自然环保。

🐦 3. 现代一体化餐厨收纳

平整光泽的收纳柜面搭配马赛克墙面，体现出一体化的现代时尚感。

🌿 **1. 盆栽搁板引入自然气息**

厨房中与公共空间区隔的收纳搁板以及下方的石台改造成盆栽景区，让收纳台变成小花
圃，为厨房引入自然气息。

🌿 **2. 吧台和收纳相结合**

高档红木吧台下方的柜体蕴藏巨大收纳功能，让收纳变得简单而不影响空间美观。

🍃 1. 收纳与展示相结合的墙面收纳

餐桌后的一整面背景墙均被柜体覆盖，形成一面收纳与展示相结合的墙面收纳。

🍃 2. 拐角处的弧形收纳

在墙体的拐角处设置一面量身打造的弧形收纳柜，美观且实用。

门侧的嵌入式酒柜

门旁边的墙面往往是利用的死角。巧妙地沿着门边设置一面嵌入墙体的酒柜，让空间价值最大化。

🍃 1. 开放式碗橱的装饰效果

乡村风格的餐厅内，一只开放式原木碗橱整齐摆放各种餐具，看上去整洁而美观，具有装饰空间的效果。

🍃 2. 配合灯光设计的造型收纳墙

三角顶的收纳柜体十分罕见，柜内壁用灯光打造成金色幕布，造型独特。

🍃 3. 文化石装饰的艺术收纳柜

狭长的厨房空间，沿墙动线在下方铺设一排收纳柜体，而上方则以彩色文化石装饰，让厨房的收纳变得活泼生动，充满艺术气质。

🍃 1. 不同材质组合的餐厨空间

木质、瓷砖、不锈钢共同组成的餐厨空间，让收纳和清洁都变得更加简单。

🍃 2. 迷你收纳柜装饰公共空间

一只迷你收纳柜在满足收纳需求同时也有装饰空间的作用。

🍃 3. 原木柜体的强大收纳功能

一直延伸至天花板的原木柜体具有强大的收纳功能，充分满足家居需求。

1. 桌柜组合实现区域划分
靠墙而立的收纳柜前利用一排桌子构成一个既有收纳功能又可充当吧台的多功能收纳区。

2. 艺术收纳的低调美感
餐厅背景以一面展示艺术收藏品的柜体代替，体现出艺术收纳的低调美感。

3. 吧台下方暗藏收纳空间
白色吧台下方的木柜门暗藏丰富的收纳空间。

🍃 1. 玻璃、木材、文化石的交响

青绿色的木材边框搭配透明玻璃，构成一面轻盈的收纳柜，与欧洲文化石的装饰共同构成一面艺术收纳墙景。

🍃 2. 环墙铺设的收纳空间

环绕厨房墙面铺设上下组合的柜体，创造出丰富收纳空间。

🍃 3. 隐藏柱体的收纳设计

利用木作柜体隐藏室内柱体，同时开辟出更多收纳空间，打造出美观且实用的厨房。

1. 灰白空间凸显时尚质感

厨房的收纳柜以黑色、灰色、白色三色打造，凸显时尚质感。

2. 电器嵌入式收纳

将各种厨房电器嵌入收纳柜，打造出整洁的空间视觉。

3. 立体收纳端景

在墙角位置设计一个立体收纳柜，实用且富有观赏性。

1. 悬挂式收纳柜造型墙

壁挂式收纳柜极富装饰性，搭配木质边框和白色光带，形成一面独具特色的造型墙。

2. 融入空间的原木收纳

与空间整体色调一致的原木收纳柜体让空间风格和谐统一。

3. 木色收纳凸显自然气息

木质柜面的厨房收纳给人以自然清爽的感受，让家居生活更贴近自然。

1. 隔断和收纳结合的双重功能

界定厨房和外侧空间的吧台同时也是一个收纳柜，具有双重功能。

2. 抽屉和柜体相结合的吧台

大理石台面的吧台下方以抽屉和柜体相结合的方式打造出丰富收纳空间。

3. 简易搁板创造更多收纳空间

悬挂式柜体让墙面具有强大的收纳功能，同时搭配简易搁板，进一步开发厨房的收纳功能。

4. 上方留白的整洁收纳

摆脱传统厨房墙体收纳的特点，墙体上方充分留白，利用窗体让厨房收纳更清爽。

5. 兼做餐厅背景墙的收纳柜

1/3 的柜体空间留作背景设计，打造出一面兼做餐厅背景墙的收纳柜。

卧室清爽障眼法
BEDROOM STORAGE

卧室收纳空间至关重要。无论何种装修风格的卧室，一旦过不了收纳这一关，就会破坏整体风格和卧室的整洁美观。设计师用各具创意的收纳设计为家居生活提供整理的便利，同时为卧室这个私密空间的风格塑造做出不可替代的贡献。

038

卧室清爽障眼法 *Bedroom storage*

卧室收纳空间至关重要。无论何种装修风格的卧室，一旦过不了收纳这一关，就会破坏整体风格和卧室的整洁美观。设计师用各具创意的收纳设计为家居生活提供整理的便利，同时为卧室这个私密空间的风格塑造做出不可替代的贡献。

弧形柜体的双重功能

衣服、鞋子、各种杂物的强大收纳能力让卧室收纳更简易，同时优美的弧形设计让空间更优美。

1. 搁板和柜体相结合的卧室收纳

高低柜的组合貌似已经满足卧室收纳需求，两块搁板在墙面搭设的简单收纳与之形成繁简对照的双重收纳组合。

2. 推拉门让空间更整洁

卧室衣柜采用推拉门的设计不仅可以节约空间，同时也让紧凑的空间看上去更整洁。

1. 整齐沟缝隐藏收纳柜

贴合墙面的收纳柜隐藏了柜门把手，同时整齐的沟缝让柜体隐藏在墙面内，呈现出整齐划一的空间视觉效果。

2. 和墙体颜色统一的柜体

立式柜体的颜色和墙面颜色保持统一，减轻了柜体在空间内的突兀感，让视觉更清爽整洁。

3. 花卉柜面装饰空间

玻璃柜面上以蜿蜒的花枝图案串联整体，满足收纳的同时也能装饰空间，点缀生活。

4. 原木收纳格打造装饰角

两列收纳格在柜体上形成一小块收藏品的展示角落，让柜面更富装饰性。

5. 镂空柜体打造轻盈空间

两面镂空的纯白色柜体减轻了柜体的厚重感，搭配磨砂玻璃背景墙，打造出一个轻盈的卧室空间。

1. 电视柜的收纳功能

小巧的电视柜利用大量的抽屉，开辟出丰富的收纳空间。

2. 融入墙体的纯色收纳

与墙体颜色一致的白色床头收纳柜与墙面融为一体，却蕴藏丰富收纳空间。

3. 收纳的装饰艺术

新古典风格的收纳柜以白色木格窗搭配透明玻璃，柜体内置装饰光源，整个柜体呈现出强烈的装饰艺术风格。

 1. 舞台风格墙面收纳
收纳柜两侧悬挂两面窗帘，让展示风格的柜体像是幕布拉开后的耀眼舞台。

 2. 全玻璃构造展现华美空间
收纳物品的隔间用玻璃门与卧室隔开，里面用光带装饰，打造一个华美的收纳空间。

 3. 实用美观的收纳桌
精美的英式矮脚桌在用于摆放装饰品的同时，下方的抽屉也可以满足卧室杂物收纳的需求。

1. 菱纹镜面打造收纳端景

收纳柜的柜面用菱格纹切割镜面装饰，反射出空间的光影，形成一幅镜面画框，打造室内端景。

2. 覆盖整块墙面的强大收纳柜

沿着墙体动线向上延伸，形成覆盖整块墙面的收纳柜，打造出图书馆风格的强大收纳柜。

3. 畸零角落的收纳设计

在床头背景墙和衣柜的墙体结合处利用玻璃隔板开辟出一块收纳角，让畸零角落得到充分地利用。

1. 桌柜组合呈现对称美感

床头两侧墙面的悬挂式壁柜和下方的床头柜形成收纳组合柜，且体现出对称美感。

2. 简洁实用的壁柜收纳

靠墙而设的立式衣柜简洁大方且具有强大的收纳能力，是家居生活的首选。

3. 内置光源的收纳柜

衣柜内置充足光源，以磨砂玻璃门遮住上方衣物，下方的搁板还可用于摆放茶具等杂物，美观且实用。

1. 入口处收纳柜打造卧室端景

在卧室入口处的右侧设置一面连接天花板的收纳柜，柜体下方设置两排收纳抽屉，上半部分 2/3 的面积用来摆设展示画框，整体形成一面卧室入口处的艺术端景。

2. 电视柜满足简易收纳需求

中式长桌作为电视柜的同时也可满足卧室收纳需求，为空间注入素朴气息。

3. 装饰线串联整体柜面

柜面的花纹装饰带将柜门串联为一个整体，呈现出整体的美观性。

🍃 1. 半开放式收纳柜

简洁的中分式书柜不设柜门，以半开放格局体现现代人自由随性的风格。

🍃 2. 原木收纳引入自然气息

原木小型收纳柜以其原始的木质表情为空间注入自然气息。

🍃 3. 造型独特的收纳桌柜

造型独特的书桌和旁边的柜体构成统一风格体，凸显空间的时尚感。

1. "礼品盒"概念的床头收纳

五只礼品盒造型的收纳格贴挂在卧室床头墙面，形成生动活泼的收纳空间。

2. 粉色收纳柜凸显可爱风

粉色元素的点缀让书桌式收纳柜展现可爱活泼的面貌。

3. 不规则的墙面收纳格让墙面更活泼

白色收纳格在墙面贴成不规则造型，让素雅的墙面顿时生动起来，与卧室整体风格相搭配，体现童真意趣。

🍃 **1. 带推拉门的收纳柜**

靠窗而立的小书柜满足丰富的书本和饰品收纳，推拉式柜门以田园风壁纸包覆，关上门便是一面优美的卧室端景墙，让空间格局更加灵活多变。

🍃 **2. 转角处的畸零收纳**

在墙体的转折处利用弧形搁板设置成与衣柜衔接的小展示柜，充分利用畸零角落，让空间的每一寸角落都得到有效利用。

🍃 **1. 床头墙面巧设收纳柜**

这是一间儿童房。在墙面上简单设计一个两层的收纳柜来摆放书籍、玩具，让儿童可以随时阅读、玩耍，科学而实用。

🍃 **2. 封闭和开放相结合的收纳柜**

收纳柜面舍弃完全封闭式设计，而是留出一小块空间，添置小抽屉和书架，让柜面视觉更丰富。

🍃 **3. 整齐划一的收纳柜组合**

书桌上方整齐排列的收纳柜创造丰富收纳空间，同时上方以光带装饰，让空间更有层次感。

🍃 **4. 桌柜组合的丰富收纳**

充分利用墙面空间设置多组收纳柜体和桌面组合，制造琳琅满目的视觉效果。

🍃 **5. 不规则切割柜面的几何美感**

柜面的几何线不规则交叉，同时引导下方形成不规则形状收纳格，呈现出富有创意的空间表情。

🍃 **6. 收纳格、收纳搁板、封闭柜体的三重奏**

整个墙面被收纳语汇覆盖，左侧的不对称收纳格搭配中间的封闭式柜体收纳，加上右侧的搁板式收纳，三种收纳方式的组合运用形成美观而实用的三重奏。

浴室置物隐身术
BATHROOM STORAGE

卫浴空间是影响家人健康的重地，卫浴间的一切装修设计都要以整洁健康为宗旨。卫浴间的收纳设计在保证干湿分离的基础上还要考虑整体的风格元素，淋浴区和洗手区的收纳设计在材质上又有不同的要求。怎样在有限的卫浴空间内设计出健康科学又兼顾风格的收纳法，对设计师而言是一个不小的挑战。

浴室置物隐身术　　*Bathroom storage*

卫浴空间是影响家人健康的重地，卫浴间的一切装修设计都要以整洁健康为宗旨。卫浴间的收纳设计在保证干湿分离的基础上还要考虑整体的风格元素，淋浴区和洗手区的收纳设计在材质上又有不同的要求。怎样在有限的卫浴空间内设计出健康科学又兼顾风格的收纳法，对设计师而言是一个不小的挑战。

盥洗台旁的衣柜设计

在盥洗台旁边设置一面衣柜，让每日的洗漱穿衣流程化，让日常生活更加简单方便。

1. 融入墙体的收纳格

盥洗台上方的墙面全部以大理石纹壁纸铺设，包括墙体嵌入式收纳格，营造统一视觉，让空间看上去更整洁。

2. 金属柜面的收纳柜

盥洗台下方的收纳柜用银色金属材质作柜面，既保证了收纳空间的干燥，又体现出空间的时尚感。

3. 抽屉式收纳的实用功能

长方体造型的盥洗台暗藏巨大收纳空间，木柜门设计提升空间品位。

中式盥洗台的古典收纳

古色古香的中式木柜用于卫浴空间，让家居空间的每一个细节都秉承传统的大雅风范，也让收纳更具古典美。

🍃 **1. 开放式收纳搁板让洗浴更轻松**

盥洗台下方添设搁板式收纳，开放式格局让洗浴更方便、更轻松。

🍃 **2. 大理石台面下的木质收纳柜**

厚重奢华的大理石盥洗台下方嵌入木质收纳柜，不同材质的组合凸显出空间的大气质朴。

🍃 **3. 淋浴区外的临时收纳桌**

借助淋浴区外的马桶盖，打造一个临时收纳桌用于摆放洗浴用品，小巧实用。

1. 石材空间的收纳亮点

整个卫浴空间的墙面和地面均以石材打造，木质收纳柜的融入成为空间的亮点。

2. 通风透气的收纳柜

盥洗台下方的乡村风收纳柜以隔栅式柜门设计让收纳更方便，实现通风透气的功能。

3. 双洗手台创造的丰富收纳空间

双洗手台的设计延长了台面下方的柜体空间，充分满足卫浴空间的收纳需求。

4. 墙角开辟的收纳空间

在门口位置充分利用墙角，设置一面连接天花板的柜体，创造出丰富的收纳空间。

5. 收纳与风格的完美统一

白色新古典风格的柜体与纯白色的洗手台及盥洗池形成风格统一的整体，也与空间的风格完美契合。

6. 镜子旁边巧设收纳柜

利用卫浴间镜子旁边的墙面空间，设置一只小收纳柜，搁板式设计可用于摆放各种洗漱用品，方便且实用。

1. 玻璃和木材的有机结合

盥洗台下方利用高档红木搭配透明玻璃，打造出一方干燥清爽的收纳空间。

2. 全封闭式干燥收纳

为避免卫浴空间的湿气侵扰，盥洗台下方的收纳柜采用封闭式的木柜，实现干湿分离。

3. 墙上的清新小品

卫浴间进门处旁边墙面上利用卷纸概念设置一个两层收纳搁板造型，搭配灯光设计，成为点缀空间的清新小品。

4. 大理石和松木的古典组合

薄薄的一层大理石台面下方，以高档厚实的松木打造收纳柜体，古朴的色调和镜面镶边形成统一的古典风格。

1. 色调统一的台面和柜体

纯白色的盥洗台和洗手池与下方的白色柜体形成统一色调,让整个空间的风格更加统一。

2. 石砌台面和木格柜门凸显乡村风

瓷砖铺设的盥洗台下方的收纳柜体以白色镂空木格柜门修饰,保证通风透气的同时凸显浓浓乡村风情。

3. 墙体凹槽内的收纳空间

在洗浴区的墙体设置凹槽,以玻璃隔板作为收纳搁板,让收纳更清爽简单。

1. 整齐沟缝打造隐藏式收纳柜

盥洗台下方的橘色收纳柜，柜身以整齐沟缝打造一体式收纳风格，上方的不锈钢把手凸显高档品质。

2. 镜面后的原木收纳橱

盥洗台上方设置一面壁挂式收纳柜，中间悬挂一面镜面，让收纳半隐半现，富有层次感。

3. 极具装饰性的欧式精致收纳

精致的桌脚和繁复的花纹装饰让盥洗台下方的收纳柜充满欧式古典风情，打造出极具装饰性的精致收纳柜。

🍃 1. 现代时尚空间的创意收纳

清新马赛克铺陈的卫浴空间塑造纯净视觉，盥洗台下方的收纳空间以灯光打亮，并设置金属圆环用以悬挂毛巾，让充满现代时尚感的空间更富有创意。

🍃 2. 脱离地面的收纳柜

盥洗台下方的收纳柜并没有紧贴地面，而是选择悬空式设计，让收纳更加干爽。

🍃 3. 磨砂玻璃打造纯净收纳

以磨砂玻璃和纯白色台面呈现的收纳空间打造纯净的空间视觉。

🍃 4. 弧形收纳柜的优美弧度

不同于传统造型的弧形收纳柜体别具一格，体现空间弧度美。

1. 隐藏把手的低调收纳

深色的柜身和整齐划一的沟缝设计，凸显出卫浴空间的低调收纳风格。

2. 巧用玻璃隔板打造收纳角

浴缸一侧的墙面利用凹槽加玻璃隔板，打造出一个简单实用的收纳角。

3. 畸零角落的不规则收纳

不规则造型的收纳柜增大盥洗台下方的收纳空间，更大限度地满足了卫浴空间的收纳需求。

4. 各种收纳法的集合体

充分利用柜体、隔板、收纳箱，共同构成一个集合各种收纳法的多功能空间。

角落利用金点子
CORNER STORAGE

家居空间有许多畸零角落，在寸土寸金的今天，这些家居生活的细节能否得到合理利用是业主们普遍关心的问题。设计师的一点灵感加上一点创意，往往可以化腐朽为神奇，让角落变成空间亮点，将家居收纳隐藏在这些美妙的细节之中。

角落利用金点子　Corner Storage

家居空间有许多畸零角落，在寸土寸金的今天，这些家居生活的细节能否得到合理利用是业主们普遍关心的问题。设计师的一点灵感加上一点创意，往往可以化腐朽为神奇，让角落变成空间亮点，将家居收纳隐藏在这些美妙的细节之中。

电视背景墙变身立体收纳柜
电视背景墙变声收纳柜体，打造成立体收纳柜，满足构件的收纳需求，让空间利用更加合理。

🍃 1. 楼梯口打造出的图书角
楼梯口位置处添设一面小型书柜，用于藏书，打造出一个清新别致的图书角。

🍃 2. 纯净空间的造型收纳柜
蓝天、白云般的纯美配色空间打造一面纯白圆润边框的收纳柜，与整体空间完美统一。

🍃 3. 休闲区内的柜体收纳法
舒适的休闲区需要简单的收纳，利用展示桌的桌面展示装饰品，下方则隐藏丰富收纳空间。

1. 多功能的收纳搁板

在有限的空间内，实体柜会占用很大空间，此时选用搁板在墙体上打造收纳区，可谓简单且美观，满足收纳的同时还可作为书桌。

2. 配合空间风格的收纳

实木风格的空间内，收纳同样要与整体风格统一。

3. 悬空开辟的收纳空间

在立式收纳矮柜上方的空间内再添加一面悬空的收纳柜，最大限度地开发空间。

🍃 1. 收纳和展示兼具的柜体

餐桌后的墙面设置一面半封闭、半开放的柜体，
打造出展示和收纳兼具的柜体。

🍃 2. 利用梁柱打造收纳角

充分利用梁柱和墙体形成的夹角，用搁板在两
侧打造出收纳柜，满足书籍、绿植、电器等多
种收纳需求。

🍃 3. 让隔断为收纳服务

客厅和外侧公共空间利用一面柜体作为隔断，
在实现隔断功能同时创造出丰富收纳空间。

1. 利用镜面延伸收纳视觉

在书柜旁边设置一面连接天花板和地板的镜面，延伸收纳柜的视觉，让收纳丰富的空间不至于显得压抑。

2. 衣柜内开辟出的小书架

一整面包覆墙壁的衣柜中间开辟出一块开放区域，并设置成书架，形成多功能收纳柜。

1. 在墙体内嵌入收纳柜

在用于隔断空间的墙体上设计凹槽，并以玻璃门遮盖，形成隐藏式收纳柜。

2. 角落里的立式收纳架

在墙角放置一只立式多层收纳架，用最小的空间面积实现最大的收纳需求。

3. 楼梯角内的丰富收纳空间

客厅和外侧公共空间利用一面柜体作为隔断，在满足收纳功能的同时创造丰富收纳空间。

🌸 1. 门边打造收纳空间

两扇门之间的墙面空间巧设一只小巧的柜体，为家居空间创造出更多的趣味收纳。

🌸 2. 墙上空间的收纳利用

靠墙位置往往是收纳设置的好地方。一面简单柜体充分利用墙面空间，创造丰富收纳。

🌸 3. 柜体和柜顶的双重利用

矮柜的选择一方面可以利用柜体空间收纳置物，柜顶上方还可用于展示性收纳，可谓一举两得。

1. 沿墙动线展开的墙面收纳

覆盖一整面墙体的收纳柜充分利用墙面空间，创造出更丰富的收纳空间。

2. 简单实用的书房收纳

高档实木收纳柜用于家居空间，简单而实用。

3. 以柜为墙的收纳法

利用一整面收纳柜体来取代实体墙，作为主卧和主卫的隔断，创造强大收纳功能。

1. 一体纯色的原木收纳柜

与地板颜色统一的原木收纳柜体全部以实木打造，纯色柜身没有任何金属部件，凸显纯粹的自然风格。

2. 融入过道端景的收纳柜

作为过道端景一部分的装饰柜体同时具有收纳的功能，美观实用。

3. 飘窗阳台变身收纳柜

将飘窗阳台下方的空间改造成收纳抽屉组合，创造出丰富的收纳空间。

4. 墙角的展示性收纳柜

角落里用于展示装饰品的空间，为家居畸零空间的收纳提供便利。

5. 阳台边的中式收纳

落地窗前摆放一只古色古香的中式雕花橱柜，渲染空间风格的同时也具有收纳功能。

6. 嵌入墙体的造型收纳

沿着木作墙线设置一面小巧的造型收纳柜，纯白色调融入空间主墙颜色，打造出灵活收纳角。

1. 中式空间的人文收纳风
沿着半截墙线铺设的矮柜降低了空间视线，同时柜顶位置恰好用于摆设字画、古玩等人文饰品，体现中式人文风范。

2. 吧台的收纳功能
木板拼接的吧台往往蕴藏巨大收纳空间，同时也可避免空间视觉上的凌乱感。

3. 利用过道角落打造收纳角
在过道旁两面墙体形成的角落里设置一面镜子和一只收纳柜，轻松打造出一小块收纳空间。

4. 中式盥洗台的风格收纳
碗状青花瓷洗手池下方的收纳柜以朱红色中式元素打造，营造出中式古典风格收纳。

DIRECTORY 指南

淳艳之惑 - 王五平
纯美空间 - 王五平
蓝色构想 - 王五平
假日空间 - 王五平
广州花都亚瑟公馆 - 王五平
光与影的交织 - 卢皓亮、朱文力
旧屋翻新作品 - 台湾嵊特設計
优山美地 - 涵碧
翡翠城 - 郑军
广西梧州灏景尚都样板房 - 杨铭斌
奥体丹枫园 - 董龙
金鑫上海松江御 - 上海典想建筑装饰设计有限公司
山西凤凰城 - 北京风尚装饰
摩登新贵出版社 - 董龙
炫丽的旋律出版社 - 董龙
Wing On Lodge- 廖奕权
山水倒影 （Reflection of Mountain on Water） - 台北活设计
安慧北里 - 熊龙灯
台北逸帆设计
世纪海景 - 聂剑平
滨江公馆
古韵坊
台湾奇逸空间设计天母 - 戴宅
陈凤清 - 香江明珠
修顿大厦 - 洪约瑟

图书在版编目（CIP）数据

开启梦想家居的 5 把密匙 魔法收纳 / 博远空间文化发展有限公司 主编 .
– 武汉 : 华中科技大学出版社，2012.11

ISBN 978-7-5609-8521-3

Ⅰ . ①开… Ⅱ . ①博… Ⅲ . ①住宅 – 箱柜 – 室内装饰设计 – 图集 Ⅳ . ① TU241-64

中国版本图书馆 CIP 数据核字（2012）第 276222 号

开启梦想家居的 5 把密匙　魔法收纳 　　　　　　　博远空间文化发展有限公司　主编

出版发行：华中科技大学出版社（中国·武汉）

地　　址：武汉市武昌珞喻路1037号（邮编：430074）

出 版 人：阮海洪

责任编辑：熊纯　　　　　　　　　　　　　　　　　责任监印：秦英

责任校对：王莎莎　　　　　　　　　　　　　　　　装帧设计：许兰操

印　　刷：中华商务联合印刷（广东）有限公司

开　　本：787 mm × 1092 mm　1/16

印　　张：5

字　　数：40千字

版　　次：2013年3月第1版 第1次印刷

定　　价：29.80元（USD 6.99）

投稿热线：（020）36218949　　1275336759@qq.com

本书若有印装质量问题，请向出版社营销中心调换

全国免费服务热线：400-6679-118 竭诚为您服务